气象灾害应急避险简明手册

——暴雨

历象 编

U0251145

气象出版社
China Meteorological Press

图书在版编目（CIP）数据

气象灾害应急避险简明手册. 暴雨 / 历象编. —北京：气象出版社，2018.2（2021.12 重印）
ISBN 978-7-5029-6740-6

Ⅰ. ①气… Ⅱ. ①历… Ⅲ. ①气象灾害 – 灾害防治 – 手册②暴雨 – 灾害防治 – 手册 Ⅳ. ① P429–62
② P426.62–62

中国版本图书馆 CIP 数据核字 (2018) 第 032964 号

Qixiang Zaihai Yingji Bixian Jianming Shouce——Baoyu
气象灾害应急避险简明手册——暴雨

出版发行 : 气象出版社

地　址 : 北京市海淀区中关村南大街 46 号　　**邮政编码** : 100081

电　话 : 010–68407112（总编室）　　010–68408042（发行部）

网　址 : http://www.qxcbs.com　　　　**E – mail** : qxcbs@cma.gov.cn

责任编辑 : 侯娅南　　　　　　　　　　**终　审** : 张　斌

责任校对 : 王丽梅　　　　　　　　　　**责任技编** : 赵相宁

封面设计 : 符　赋

印　刷 : 北京中科印刷有限公司

开　本 : 880 mm × 1230 mm　1/64　　**印　张** : 0.25

字　数 : 10 千字

版　次 : 2018 年 2 月第 1 版　　　　　**印　次** : 2021 年 12 月第 2 次印刷

定　价 : 5.00 元

目录

一、什么是暴雨

暴雨是指降雨强度和量均相当大的雨，是一种夏季常见的灾害性天气。我国气象国家标准《降水量等级》（GB/T 28592—2012）对暴雨是这样规定的：12 小时降雨量达 30.0 ～ 69.9 毫米为暴雨，70.0 ～ 139.9 毫米为大暴雨，140.0 毫米及以上为特大暴雨；24 小时降雨量达 50.0 ～ 99.9 毫米为暴雨，100.0 ～ 249.9 毫米为大暴雨，250.0 毫米及以上为特大暴雨。

二、事例

　　2012 年 7 月 21 日，北京市出现自 1951 年以来的最强降雨过程，大部分地区出现了大暴雨到特大暴雨。强降雨造成北京市区积水严重，郊区河流暴涨，冲走大量民房，造成 70 多人死亡，近百亿元的经济损失。遇难者死亡原因大多为溺水，同时也有触电、房屋倒塌、泥石流、创伤性休克、高空坠物和雷击等原因。

气象灾害事例

三、预警信号及图标

　　暴雨预警信号分四级，分别以蓝色、黄色、橙色、红色表示。

暴雨蓝色预警信号

标准：12 小时内降雨量将达 50 毫米以上，或者已达 50 毫米以上且降雨可能持续。

暴雨黄色预警信号

标准：6 小时内降雨量将达 50 毫米以上，或者已达 50 毫米以上且降雨可能持续。

暴雨橙色预警信号
标准：3 小时内降雨量将达 50 毫米以上，或者已达 50 毫米以上且降雨可能持续。

 暴雨红色预警信号
标准：3 小时内降雨量将达 100 毫米以上，或者已达 100 毫米以上且降雨可能持续。

四、避险措施

暴雨来临前

⊙ 仔细检查房屋，维修屋顶。居住在危旧房屋和地势低洼处的居民应及时转移到不受洪涝影响的安全地区，转移前应切断家中的电源，关闭燃气，并将家中物品置于高处。

⊙ 停止露天作业、活动，立即到室内或地势高的地方暂避。

⊙ 当气象部门发布暴雨橙色或红色预警信号后，幼儿园及中小学可视情况停课。

暴雨来临时

⊙　尽量待在室内。必须外出时，尽可能绕开积水严重的路段。

⊙　若在积水中行走，注意观察水面，避开漩涡和水流集中下泄的地方，防止跌入窨井、地坑等；同时要远离高压铁塔或下垂的电线等带电物体。

⊙　避免将车辆驶入水深超过排气管高度的积水区，或将车辆停在低洼易涝地区。如果车辆不慎进水熄火，切勿再启动发动机，应在水尚浅时尽快弃车到路边高处逃生。如果车门已无法打开，则应用铁锤等硬物敲击车窗的四角逃生；或拔下座椅头枕，将金属杆插入玻璃与车窗的缝隙间，用力将玻璃撬碎逃生。

⊙　若被内涝或洪水围困，应尽快撤到地势高处或楼顶避险，同时立即发出求救信号；不要游泳逃生，不可攀爬电线杆、铁塔，也不要爬到泥坯房的屋顶。

⊙　若洪水继续上涨，暂避的地方已变得危险，则要充分利用准备好的救生装备逃生，或迅速找一些门板、桌椅、木床、大的泡沫塑料、树干等能漂浮的材料逃生。

⊙　在山区要注意防范山洪和泥石流。当上游来水突然浑浊、水位上涨较快时，可能是山洪或泥石流暴发的前兆，此时应尽快向沟（谷）两侧高处跑，千万不要在沟（谷）处躲避或停留，也不要沿行洪道方向跑，更不要轻易涉水过河或横渡泥石流。

提示：暴雨天气往往伴有雷电发生，还要注意防范雷电。